# Los quitanieves

Quinn M. Arnold

CREATIVE EDUCATION

semillas del saber

Publicado por Creative Education
P.O. Box 227, Mankato, Minnesota 56002
Creative Education es una marca editorial
de The Creative Company
www.thecreativecompany.us

Diseño de Ellen Huber; producción de Dana Cheit
Dirección de arte de Rita Marshall
Impreso en los Estados Unidos de América
Traducción de TRAVOD, www.travod.com

Fotografías de Dreamstime (Bambulla), iStockphoto (BanksPhotos, CHBD, cweimer4, dagsy10, gmattrichard, Theresa Granger, Groomee, invisiblepower, JonathanLesage, kudou, ollo, santosha, Sjo, tamaw, valio84sl, Jorge Villalba, ZargonDesign), Shutterstock (aapsky, mariakraynova, Petite usagi)



Información del Catálogo de publicaciones de la Biblioteca del Congreso is available under PCN 2018931130.
ISBN 978-1-64026-109-9 (library binding)

9 8 7 6 5 4 3 2 1

TABLA DE CONTENIDO

# ¡Hola, quitanieves!

El conductor del quitanieves se sienta en la **cabina**.

El conductor baja la cuchilla cuando es el momento de arar.

El mal tiempo no detiene al quitanieves.

Tiene 10 ruedas grandes. El camión se mueve lentamente a medida que despeja.

# ¡Adiós, quitanieves!

# Dibuja un quitanieves

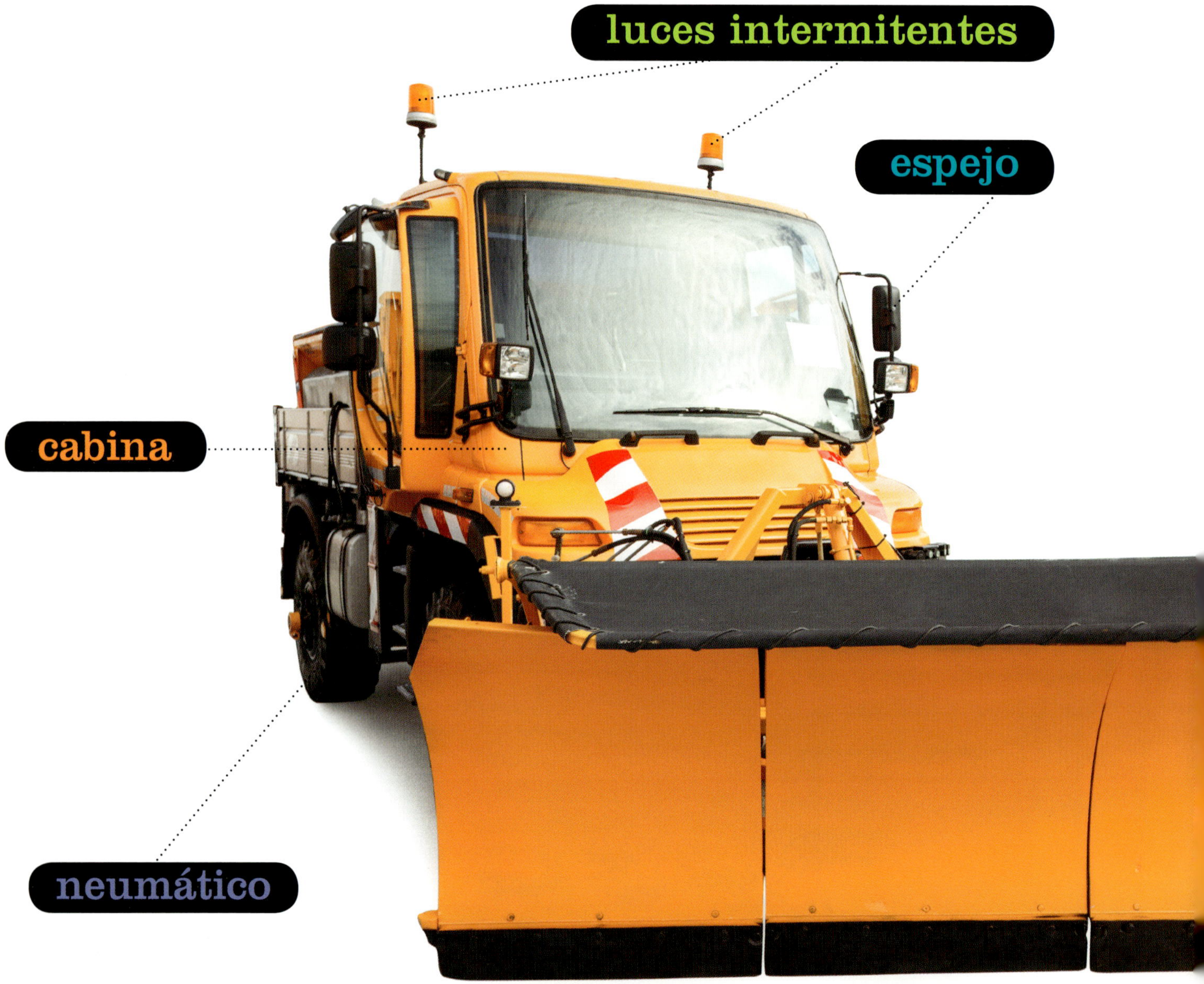

sal
tolva

caño
de escape

cuchilla de arado

## Palabras que debes saber

**cabina:** la parte delantera de un camión

**raspador:** una cuchilla más pequeña, usada para quitar hielo

**tolvas:** las partes traseras de los camiones grandes; las tolvas contienen materiales sueltos

# Índice